쉼 있는 식물카페로의 초대

PLANT SPACE

식물로 공간을 채우다

힐링되는 공간을 한 곳에

월간 플로라 편집부

들어가는 말

'플랜트 스페이스'는 '정글 하우스'와 함께 많은 사람들의 사랑을 받는 '월간플로라'의 고정 꼭지이다. 책으로 먼저 나온 '정글 하우스'가 개인들의 식물 키우기 이야기라면 이 책 '플랜트 스페이스'는 식물을 테마로 한 식물카페들의 이야기이다.

식물들 속에서 숨 쉬는 것만으로도, 싱그러운 초록을 오래 바라보는 것만으로도 누구나 편안함과 즐거움을 느낀다. 우리는 식물과 생각했던 것 이상으로 더 많은 교감을 나눈다. 그 속에서 어떤 이는 창작의 영감을 얻기도 하고 어떤 이는 위로와 치료를 경험하며 번잡했던 마음에 평화를 얻기도 한다.

'플랜트 스페이스'는 바쁜 도시생활에서 산이나 숲을 찾기 힘든 현대인들이 가벼운 마음으로 다녀올 수 있는 식물 공간들을 소개한다. 이 곳에서는 온실에서 느끼는 고요함과 눈에 담기 벅찰 정도로 가득한 꽃과 식물, 야생화로 가득한 정원을 만날 수 있고 식물들과 교감하며 커피 한 잔을 즐길 수도 있다.

플랜테리어란 신조어가 생겨난 것처럼 요즘엔 인테리어에 우선하여 실내에 얼마나 세련되게 식물들이 배치되어 있는지가 중요한 경쟁력이 되었다. 이 책이 식물을 그리워하는 당신에게 쉽게 식물들을 만날 수 있는 곳들을 안내할 수 있기를 바라며, 또한 식물 공간을 계획하는 사람들에게 좋은 참조가 되기를 바란다.

월간플로라 편집부

GREEN GARDEN

148 정원카페

196 온실카페 추천 2선

지역별로 알아보는

플랜트 스페이스

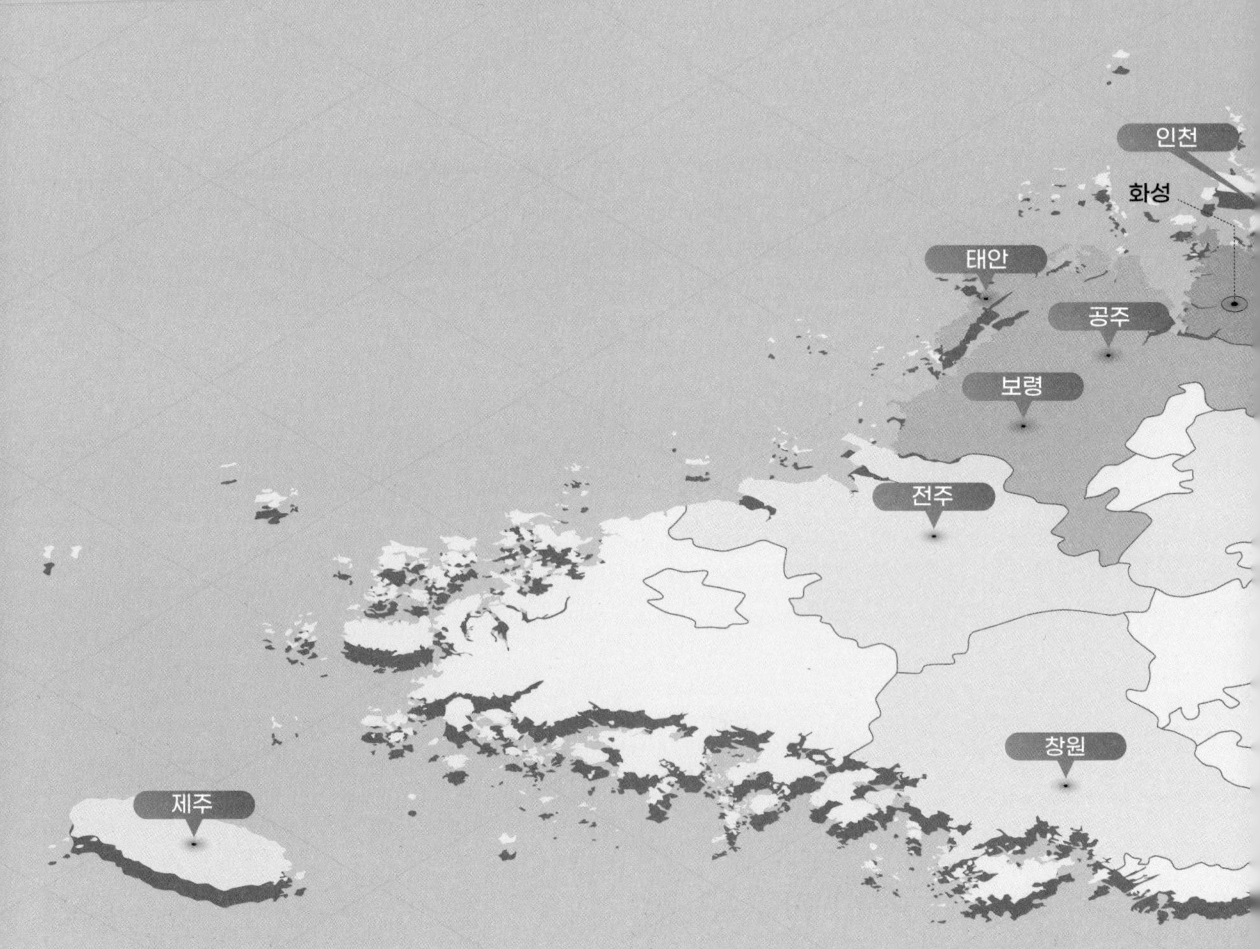

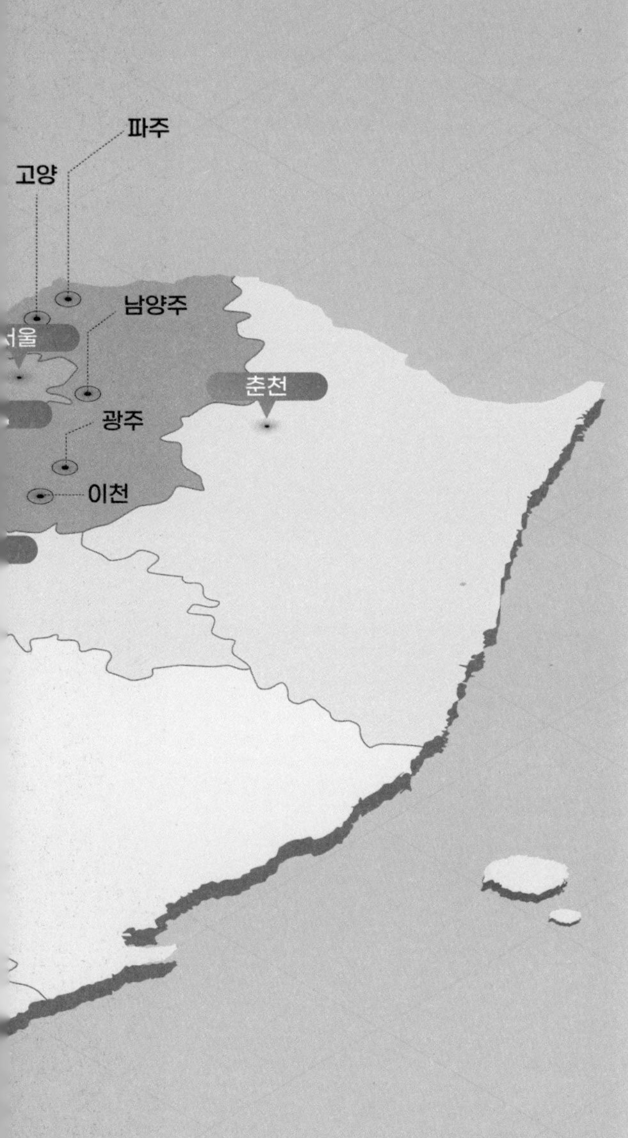

1 경기

고양
라이크라이크
바바라플라워카페

광주
파머스대디

남양주
카페이서
플랜트202

이천
티하우스에덴

파주
오쉐르플라워카페
우연히, 설렘
천천히카페
칼라디소토

화성
글린정원

2 공주

카페 보니비

3 보령

리리스카페
화려한수다

4 서울

느린토끼
뤽상부르
블리스플라워
어반플랜트
룸피니
벌스가든
살롱순라
정그리다

5 인천

로즈스텔라정원

6 전주

향기품은뜰

7 제주

인더그린제주

8 창원

보타미

9 춘천

녹색시간
스톤플랜트

10 충주

카페나름

11 태안

트레블브레이크

01

꽃과 식물이
있는카페

정원카페

식물이 있는 카페

온실카페
추천 2선

당신의 식물 투어
는 어땠나요?

공장형 식물카페

플랜트202

경의중앙선 덕소역에서 내려 30-15번 버스를 타고 24분가량 달리다 보면 수많은 공장 사이에 화사한 노란 대문이 눈에 띄는 '플랜트 202'를 볼 수 있다. 이곳은 공장의 형태를 그대로 보존하고 공간에 특별함을 더한 반려견 동반 가드닝 카페이다.

수십 년 동안 실제 가구 공장으로 운영되었던 공간은 다양한 식물과 목재 인테리어의 조합으로 포근하게 쉴 수 있는 공간으로 탈바꿈 되었다. 297㎡의 대규모 공간답게 테이블도 넓은 간격으로 배치되어 있다. 또한 이곳은 공장이라는 공간에 잘 어울리는 콘크리트 벽돌과 식물로 공간을 나누고 포토존을 꾸미는 등 각 공간마다 재미를 더했다.

경기 남양주시 화도읍 재재기로 50-11
평일 11:00 ~ 21:00(매주 화요일 휴무)
031 . 594 . 2021
주차 가능(지상 주차장)
instagram.com/plant202
홍콩와플, 크로플
노란대문, 공장형카페

PLANT 202
PLANT202
OPEN
PARKING
HERE

'플랜트 202'의 또 다른 매력은 낮과 밤의 반전된 분위기다. 낮에는 회색 벽돌 사이로 들어오는 따사로운 햇살이, 밤에는 은은하게 빛을 내는 조명과 식물이 쉬어가는 방문객들의 마음을 편안하게 만들어 준다. 차분한 분위기 속에서 나만의 시간을 보내고 싶은 사람, 소중한 반려견과 함께 둘만의 시간을 보내고 싶은 사람들에게 추천하고 싶은 곳이다. 무심코 지나칠 수 있는 한 곳 한 곳에서 자그마한 기쁨을 발견하며 공간의 매력을 즐겨보자.

Q. 공장형 플랜트 카페를 만들게 된 계기가 궁금해요!

A. 인더스트리얼 디자인으로 공간을 만드는 것보다 실제 공장을 디자인해보자는 생각으로 도전하게 되었어요. 공장의 이미지는 유지하되 삭막하고 지저분해보이지 않는 방법을 찾기 위해 많은 고민을 했답니다.

Q. 손님들의 반응은 어떤가요?

A. 창고를 개조해 꾸며진 카페여서 그런지 오랫동안 머물러도 지루함이 없다는 말을 가장 많이 들었어요. 또한 일반 프랜차이즈의 정형화된 디자인에서 벗어나있어 오히려 더 자주 오게 된다고 하더라고요. 방문해주시는 손님들이 이렇게 저의 노력과 고민을 좋게 봐주셔서 저 또한 너무 감사하고 뿌듯합니다.

인도어그린

카페이서

경춘선 사릉역에서 202번 버스를 타고 30분 남짓 달려 오남소방서에서 하차하면 낡은 창고를 개조한 '카페이서'를 발견할 수 있다. 인더스트리얼한 느낌이 가득한 창고형 카페인 '카페이서'는 한 공간에서 갤러리와 책, 커피를 동시에 만날 수 있는 복합 문화공간이다.

공장을 개조해서 만든 갤러리카페 카페이서의 최대 매력은 반전이다. 회색 벽으로 된 입구를 지나 들어오면 푸른색 식물들과 그림 작가들의 작품들이 햇빛을 받으며 빛나고 있다. 공장이라는 삭막한 공간에 식물과 작가들의 작품과 인테리어, 빛이 어우러져 '카페이서'만의 분위기를 만들어내고 있다. 그래서인지 사람들은 '카페이서'에 들어오며 "여기에 원래 이런 곳이 있었어?"라고 말하곤 한다.

경기 남양주시 오남읍 진건오남로 784-9
매일 10:30 ~ 22:00, 휴무없음
0507 . 1375 . 1115
P 주차 가능(오남고등학교 정문 앞 공터)
instagram.com/cafe_eseo
아몬드라떼, 쉬림프 샌드위치
창고형카페, 복합문화공간

COFFEE & BRUNCH

이곳 '카페이서'는 1~3개월 주기로 펼쳐지는 다양한 전시와 새롭고 신선한 재료로 직접 연구하며 만드는 고급스러운 메뉴들이 방문객들의 눈과 입을 사로잡고 있다. 특히 직접 담근 청으로 만든 생딸기라떼와 아보카도 쉬림프 샌드위치는 이곳에 방문하는 손님들이 인정한 베스트셀러이다. 여유로운 주말에 소중한 사람과 기분 좋은 여유를 만끽하고자 하는 사람들에게 한번 가볼 것을 추천한다.

1865

Q. 식물을 배치한 곳에 천장이 훤히 비치는데 식물을 배치하기 위해 일부러 제작하신 건가요?

A. 맞아요. 차가운 벽에 걸린 색채감 높은 그림과 식물이 한데 어우러져 있어 자칫 어두워보일 것 같아 그곳에 투명 지붕을 만들었어요. 빛이 내려오면 보다 따뜻하고 멋진 분위기를 내줄 거라고 생각했죠. 처음엔 살짝 불안한 마음이 있었는데 생각보다 그림과 빛, 식물, 이 세 가지가 조화롭게 어우러졌고, '카페이서'를 보다 더 멋진 분위기로 연출해 주고 있습니다.

Q. '카페이서'에선 작품전시를 어떻게 진행하고 계신가요?

A. 저희는 한 작품을 오랫동안 전시하지 않고 주기적으로 작품을 변경하고 있어요. 그렇게 하기 위해서 전시 의뢰를 받거나 저희 카페 분위기에 어울리는 작가를 섭외하기 위해 노력하고 있답니다.

식물과 함께하는 브런치 카페

룸피니(Lumpini)

을지로입구역 3번 출구에서 나와 N15번 버스를 타고 수유시장에서 내리면 연두색과 흰색이 어우러지는 외관으로 사람들의 궁금증을 자아내는 곳이 나온다. 동명의 공원을 모티브로 하여 자연과 사람이 함께 어울리는 평화로운 공원 카페, '룸피니'를 소개한다.

'룸피니'는 밖에서부터 느껴질 정도로 꽤 많은 식물이 자리 잡고 있다. 카페 내부뿐만 아니라 뒷문을 통해 나가는 외부 테라스도 있다. 이곳은 룸피니의 또 다른 모습을 볼 수 있는 공간이다. 실외에서 키워야 하는 식물들을 위한 곳인데 마치 태국에 온 것 같이 연출되어 있다. 무리지어 있는 식물들의 잎에서는 반지르르한 빛이 날 정도로 관리가 잘 되어있다.

서울 강북구 솔매로45길 99 1층

매일 11:00 ~ 22:00

070 . 8691 . 2571

주차 가능(수유마을시장 공용주차장에 주차 후 도보 2~3분)

instagram.com/cafe_lumpini

딸기밭라떼, 크로플

테마공간, 그린힐링

식물카페가 점점 많아지고, 반려식물을 키우는 사람도 늘고 있어 '룸피니'의 주변 상권에도 많은 카페와 꽃집이 생겨났다. 하지만 이 카페만이 주는 편안함과 맛있는 브런치와 커피, 그리고 마음에 든 식물을 구매할 수 있다는 장점 덕분에 많은 카페 중에서도 룸피니를 찾는 고객의 수가 점점 늘어나고 있다.

COFFEE 커피
(HOT, ICE 가격동일)
에스프레소 3.0
아메리카노 3.5
카페라떼 4.3
카푸치노 4.3
카페모카 4.8
카라멜마끼아또 4.8
바닐라빈라떼 5.0
아인슈페너(아메리카노+생크림) 5.5
아포가토(아이스크림+에쏘) 5.5
코코넛라떼(코코넛스무디+에쏘) 6.0
NON COFFEE 논커피
ADE 에이드 5.5
요거트스무디(블루베리, 라즈베리) 5.5
요거트볼(요거트 + 뮤슬리 + 과일 + 청) 5.5
아이스크림 5.5
핫초코, 아이스초코 5.5
SEASON JUICE 과일쥬스 6.0
수박 토마토 키위 천도복숭아 복숭아
(계절에 따라 달라집니다)
•100% 과일만 사용하고 있습니다.
TEA 티 4.5
수플레팬케이크 + 아메리카노 12.0 10.0
수플레 + 과일 + 생크림
리코타치즈샐러드 + 아메리카노 14.0 12.0
6.0
Fresh Juice
VANILLA BEAN LATTE

Q. 이곳 식물들은 저마다 반지르르한 빛이 나 보여요!

A. 잘 키우기까지 많은 시행착오를 거쳤어요. 음지에서도 어느 정도 잘 자랄 수 있는 식물도 결국엔 햇빛이 필요하기에 식물 등을 설치했고, 통풍이 정말 필요한 식물은 현관 가까운 화단에 배치하거나 테라스에 놓았죠. 벽에 보이는 식물도 처음에는 거치대가 보이지도 않을 정도로 빽빽했어요. 지금은 통풍이나 일조량을 생각해서 적잖이 솎아놨답니다. 잘 정리된 푸른 식물을 보고 많은 분들이 기분 좋아졌으면 좋겠네요!

Q. 식물카페를 운영하면서 가장 기억에 남는 일이 있으신가요?

A. 매일 오시는 단골손님이 누군가에게 선물을 하기 위해 자스민을 사 가셨어요. 얼마 뒤 꽃이 피었다는 소식을 듣고 너무나 기뻤고, 가장 기억에 남는 일이 되었어요. 저는 식물을 최대한 죽이지 않고 키우는 것이 목표예요. 또한 이곳을 찾는 손님도 이곳에 있는 식물과 꽃을 함께 아껴주셨으면 해요.

커피, 식물 그리고 여유가 있는

천천히카페

여행을 떠나는 이유 중에는 '일상에서 떠나는 즐거움'이 있다. 현실에서 잠시 동떨어져 평화로운 곳에서의 여유를 느끼고 싶다면 여기, '천천히카페'를 방문해보자.

'천천히카페'는 크게 선인장 구역, 화분 식물, 카페 밖 수목 구역으로 나뉘어져 있다. 가장 채광이 좋고 바람이 잘 통하는 곳, 2층으로 올라가는 계단에 선인장들이 자리를 잡고 있는데 동선을 크게 해치지 않고 시각적으로도 탁 트인 느낌을 준다. 더불어 카페 내부의 큰 창들 덕분에 시원한 느낌도 한층 더 상승한다. 카페 주변에는 수목들이 자리를 지키고 있으며, 벚나무와 머루나무는 입구에서 손님을 싱그럽게 맞이하고 있다.

- 경기 파주시 돌곶이길 108-20
- 매일 10:30 ~ 21:00, 매주 월, 화 휴무
- 031 . 942 . 5772
- 주차 가능(지상 주차장)
- instagram.com/cheon.cheon.hee
- 애플시나몬토스트
- 여유, 주택카페

천천히카페

사람에게는 편안한 공간을, 식물에는 좋은 환경을 제공해주는 '천천히카페'. 이곳은 하나의 단어로 정의되는 것이 아쉬운 공간이다. 작은 사물 하나에도 주인장의 생각이 적용된 '천천히카페'에서 방문하는 사람들 모두 커피뿐만 아니라 식물에도 무궁무진한 세계가 있다는 것을 느끼고 돌아가기를 바란다.

Q. 식물카페를 운영하게 된 계기는 무엇인가요?

A. 식물에 관심이 거의 없었던 저에게 우연히 식물을 제대로 배울 기회가 생겼어요. 그렇게 식물에 대해 점점 알아가게 되었고 식물을 관리하며 보내는 그 많은 시간이 정말 즐거웠어요. 그러다 보니 우선순위에 있어서 책을 만드는 본업보다 식물이 앞서게 되었고, 이렇게 식물카페도 같이 운영하게 되었습니다. 비록 예전보다 책을 만드는 시간이 두세 배로 늘었지만, 식물로 둘러싸인 저희 공간을 찾아주시는 고객님들과 소통하며 행복을 느끼고 있습니다.

Q. 앞으로 '천천히카페'를 어떻게 가꿔 나갈 예정이신가요?

A. 카페를 시작할 때에는 단순히 식물과 커피만 보고 시작한 것은 아니에요. 저는 다양한 것을 끊임없이 시도해 식물과 카페, 그리고 사람이 하나가 될 수 있는 공간으로 가꾸어 나갈 예정입니다.

식물 사이에서 누리는 여유와 편안함

느린토끼

서울 강동구에는 반려식물을 전문으로 분양하는 플랜트 숍과 카페를 같이 운영하는 '느린토끼'가 있다. 이곳은 원래 식물만 판매하는 곳이었지만 매장에 좀 더 여유를 가지고 직접 식물을 볼 수 있는 공간을 마련하고자 카페도 함께 운영하고 있다.

'느린토끼'는 젊은 층과 노년층이 함께 어울릴 수 있는 공간이다. 수많은 식물로 편안함을 주고, 한쪽엔 인스타그램 감성의 포토존을 마련해놨기 때문이다. 그래서인지 이곳은 가족 단위 손님들이 많은 편이다. '느린토끼'에선 취향에 맞는 식물과 화분을 분양해 갈 수 있다. 또한, 이곳은 방문객들과의 대화를 통해 집안 환경이나 인테리어, 그리고 생활 패턴에 따라 키울 수 있는 식물을 추천해주는 1:1 컨설팅도 진행하고 있어 손님들의 발길이 끊이지 않고 있다.

서울 강동구 천호대로168가길 29
매일 12:00 ~ 18:00, 금, 토, 일 휴무
0507 . 1440 . 1192
주차 가능(지하 주차장)
instagram.com/slowrabbit_cactus.cafe
아메리카노
우드, 미니식물

부동산
Slow Rab bi

일상에서 편하게 식물을 접할 수 있는 콘셉트로 제작된 쇼룸은 원목 인테리어와 어울리는 식물이 가득하다. 편하게 커피를 마시며 삭막한 도심에서 초록의 여유를 즐길 수 있는 공간이라는 점이 가장 매력적인 '느린토끼'. 이곳에 방문하는 사람들 모두 일상에서 식물을 가꾸며 조금이라도 여유로운 삶을 누리길 바란다.

CIMBALI
Marshall

Q. 가장 애착이 가는 공간이 어디인가요?

A. 창가에 있는 대형 선인장 자리입니다. 처음부터 매장 인테리어를 고려할 때 일순위로 생각했던 곳이에요. 평소에 접하기 힘든 식물인 선인장을 한데 모아 테라리움의 한 공간처럼 꾸몄습니다. 또한 매장 곳곳에 장난감과 피규어를 배치했습니다. 아이들과 어른들 모두 장난감을 가지고 놀 수 있는 동심의 공간이 된 것 같아 볼 때마다 기분이 흐뭇합니다.

Q. 기억에 남는 에피소드가 있으신가요?

A. 병원 플랜테리어를 맡았을 때 항암치료를 받고 계셨던 고객님이 가장 기억이 남습니다. 병원 화분에 있는 로고를 보고 연락을 주셨는데, 식물들이 잘 자라는 모습을 보며 많은 힘을 얻으셨다고 말씀해주셨습니다. 식물이 누군가에게 용기를 주고 치유하는 힘이 있다는 걸 몸소 깨닫는 시간이었습니다.

맛있는 브런치와 함께
문화생활을 즐길 수 있는 공간

녹색시간

춘천 중심상권에서 빨래방이라는 간판으로 오랫동안 비어 있던 공간을 '녹색'이라는 테마로 재탄생시킨 복합 문화 공간이자 식물 브런치 카페, '녹색시간'을 소개한다.

'녹색시간'은 총 다섯 가지 테마를 운영하고 있다. 먼저 카페 1층에는 로컬업체와 함께하는 '그린 F&B'를 운영하고 그 옆에 조경, 정원, 식물, 자연, 환경 관련 디자인 서적과 도시재생 관련 서적을 판매하는 '그린 라이브러리'가 있다. 계단을 따라 내려간 지하에는 조경과 관련된 그린 인테리어를 디자인하는 '그린 스튜디오'도 운영중이다. 여기서는 녹색의 다양한 의미를 주제로 네트워킹을 하는 '그린 커뮤니티'도 진행된다. 마지막으로 반려식물이나 테라리움을 소개하고 클래스도 열리는 '그린 플랜트&모스' 공간까지 있어 한 곳에서 다채로운 매력을 즐길 수 있다.

강원 춘천시 낙원길33번길 4-3
11:30 ~ 20:00, 월 휴무
010 . 3396 . 7200
주차 가능(지상 주차장)
instagram.com/noksaeksigan
맛차라떼, 오픈토스트
식물복합문화공간

'녹색시간'은 자연스러운 식물 배치를 통해 지하와 지상 공간을 감각적으로 꾸며놓았다. 키가 큰 식물과 작은 식물, 바닥에 깔리는 식물, 잎의 질감, 잎의 크기 등 각 식물이 가지고 있는 특징이 조화롭다. 브런치와 음료를 마시고 예쁜 사진을 남기는 것도 좋지만, '녹색시간'에선 녹색(자연, 식물)이 주는 정서적 안정감과 식물과 관련된 다양한 문화 콘텐츠를 즐겨보기를 바란다.

Q. 카페가 너무 감각적이에요. 인테리어 아이디어는 어디서 얻으셨나요?

A. '녹색시간'의 주요 아이템을 식물로 잡았기 때문에 식물 중심의 인테리어가 핵심이었어요. 콘셉트를 미리 정해 놓으니 인테리어 아이디어는 머릿속에서 자연스럽게 구상하게 되었답니다.

Q. '녹색시간'만의 장점은 무엇인가요?

A. 복합문화공간이라는 점입니다. '식물&브런치 카페'라는 키워드처럼 맛있는 먹거리가 있는 장소에서 그린을 테마로 한 다양한 콘텐츠를 접할 수 있다는 점이 장점이자 강점 같아요.

플랜트 브런치 카페

라이크 라이크

브런치 카페 전문 매장인 '라이크 라이크'는 다양한 초록 식물들이 매장 전체를 가득 매우고 있다. 그래서인지 매장에서 취재하는 동안에도 손님들이 오랫동안 식물을 구경하며, 브런치를 즐기는 모습을 볼 수 있었다.

'라이크 라이크'는 좋은 사람들과 함께하며 좋은 기억을 남기길 바라는 마음으로 시작한 카페이다. 일산에서 10년이 넘게 자리를 지켜오며 고객을 맞이하고 있다. 주로 아침에 브런치를 찾는 손님이 많았는데, 어떤 것에도 구애받지 않고 그 시간만큼은 식물과 여유를 즐기다 떠나는 모습이었다.

경기 고양시 일산동구 무궁화로 8-19
10:00 ~ 22:00 휴무없음
031 . 907 . 3885
주차 가능(지하 주차장)
instagram.com/ilsanlikelike
브런치플레이트세트
행잉식물, 모닝브런치

LIKELIKE SIGNATURE
MARIAGE FRERES

'라이크 라이크'는 편안한 색감을 인테리어 메인으로 잡았다. 그 속에 하늘하늘한 행잉식물들과 관엽식물들이 자리를 잡고 있어 멀리서 바라보기만 해도 저기가 식물과 동거하는 '식물 브런치 카페'라는 것을 한눈에 확인해 볼 수 있다. 편안하게 머물다 가는 공간이 되었으면 좋겠다는 '라이크 라이크'. 브런치와 커피 그리고 식물이 가득한 공간에서 오로지 나를 위한 시간을 보내고 싶을 때 방문해보는 것을 추천한다.

8:57
LIKE LIKE

WIFI ZONE
LIKE LIKE

Q. '라이크 라이크'의 인테리어를 직접 기획하셨나요?

A. 네. '라이크 라이크'는 '편안함'이라는 콘셉트에 맞게 제가 직접 발품을 팔아 디자인한 곳이에요. 비록 몸은 힘들었지만 고생한만큼 만족도는 더 큰 것 같아요.

Q. 플랜테리어 노하우가 있으신가요?

A. 인테리어를 한 후에 멀리서 가게를 들여다보는 것이 가장 중요해요. 눈 앞에서만 가게를 보면 시야가 좁아져 전반적인 밸런스를 맞추기가 어렵습니다. 하나씩 꾸밀 때마다 뒤로 물러나 주위와 어울리는지 계속 확인해보면 균형 잡힌 플렌테리어 디자인을 할 수 있습니다.

초록식물로 가득찬

화려한 수다

충남 보령에는 다양한 식물로 공간을 꾸민 자연 친화적인 공간이 있다. 사람들의 이야기가 멈추지 않는 곳, '화려한 수다'를 소개한다.

한적한 보령시 동대동에는 주민들만의 비밀 공간이 하나 있다. 도로변에 있어 잘 모르는 사람들은 쉽게 지나칠 수 있지만 그 공간을 방문해본 사람들은 꼭 다시 한번 찾아온다는 곳이 바로 '화려한 수다'이다. 이곳의 문을 열고 들어서면 오순도순 이야기를 나누는 사람들 뒤로 행잉 플랜트 벽장식이 시선을 사로잡는다. 뒤이어 고소한 커피의 향이 코 끝에 스미는데, '화려한 수다'의 라이프 스타일이 조금 더 깊게 다가와 분위기를 한층 더 올려주는 느낌이다.

충남 보령시 동대로 15 1층
08:00 ~ 21:00 휴무없음
041 . 932 . 2201
주차 가능(지상 주차장)
instagram.com/cafe_hwasuda
흑임자 카페라떼, 크림라떼
행잉벽장식, 수다

화려한
수다

'화려한 수다'의 큰 유리문을 열면 그린 테라스가 나온다. 내부와 다른 느낌인 이곳엔 광합성을 하기 위해 나와있는 식물과 자연 속의 느낌을 느끼고자 하는 사람들이 나와 커피를 마시기도 한다. '화려한 수다'는 방문객들이 숲속에 있는 느낌을 받았으면 하는 마음으로 카페를 운영하고 있다. 힐링하고 싶은 사람이 있다면 같이 방문해보는 것을 추천한다.

Q. 행잉식물이 많이 돋보여요! 이렇게나 많이 거신 이유가 있나요?

A. 인테리어 효과도 높이려고 행잉식물을 많이 들였어요. 좁은 공간이라 바닥에 화분을 두기 어려웠거든요. 벽에 거니 식물이 한눈에 들어와 굉장히 만족하고 있습니다.

Q. '화려한 수다'가 어떤 공간으로 기억되길 바라시나요?

A. 식물을 좋아하는 사람이면 누구나 편하게 즐기는 곳이니 많이 찾아오셨으면 좋겠습니다. 식물관리가 어려워서 직접 키우지 못하는 분들도 이곳에서 맛있는 음료를 마시며 식물 사이에서 쉬다가 가시길 바라요.

현대인들의 공간

어반플랜트

서울 마포구 독막로에는 현대인들의 특별한 놀이터 '어반플랜트'가 있다. 이곳은 초록 식물을 보며 스트레스를 날려버리고, 마음을 정화하며 편안하게 쉬어 갈 수 있는 공간이다.

단독주택을 개조해서 만든 '어반플랜트'는 들어서자마자 보이는 큰 단풍나무가 마음을 사로잡는다. 단풍나무 아래에 있는 큰 테이블에 앉아 중앙의 화단을 보면 자연 속에 있는 기분을 만끽할 수 있다. '어반플랜트'에서는 식물이 없는 곳을 찾기가 힘들다. 지하부터 2층까지 식물로 둘러싸인 공간에서 방문객들은 브런치나 커피와 함께 여유을 즐기다가 다시 일상으로 돌아가곤 한다.

서울 마포구 독막로 4길 3

매일 10:00 ~ 22:00, 휴무없음

0507 . 1413 . 0378

주차 가능(유료주차장)

instagram.com/urbanplant.official

투데이파스타, 오믈렛

단풍나무, 식물가득

RBAN PLANT
질문은
우측에 있습니다
about URBAN PLANT
David and Naomi were digital nomads that
traveled the world while carrying their laptop.
One day they would
open up their
laptop on the
do their
planning, and
would do
design at a cafe in the center of downtown
Wherever they sat all around
the world,
their laptop
into an outlet,
space becomes their office.
is a space that came
being
for creators like David and Naomi. We hope
that in this space, where nature meets the
inner city, more creativity can surge and flow
and enjoyable projects can be produced.
Now and then, this may be a space for
creators to work, a space to rest up for their
next creation, or it may even be a space
in which creators gather and we wit
opening of a new page in history

카페에 오는 고객들이 편하게 쉬어갈 수 있도록 초록 식물이 가득한 공간을 가꾸고 있는 '어반플랜트'. 스트레스와 피로도가 많이 쌓인 현대인들에게 꼭 필요한 공간이 아닐까 싶다. 이곳에서는 휴식만 즐기는 것이 아니라 공간에 있는 반려식물을 분양해보는 것을 추천한다.

Q. 이 공간에서 가장 신경 쓴 부분이 어디인가요?

A. 단풍나무 아래서 정취를 느끼며 친구, 연인과 담소도 나누고, 책을 읽거나 노트북을 하며 일하기 좋게 큰 테이블을 만들었어요. 테이블 중앙에는 작은 화단도 있어 자연 속에 있는 기분을 느낄 수 있습니다.

Q. 매장에서 식물 판매도 이루어지나요?

A. 정확히 말하자면 식물을 판매하는 것이 아닌 반려식물을 분양하고 있어요. 반려식물을 분양받으신 분들에게는 식물이 잘 자랄 수 있도록 각 식물 생애주기에 맞는 케어를 해드리고 있습니다.

사람과 사람을 잇는 공간

정그리다

서울에 있는 카페 중 유일하게 커피를 마시며 동대문과 한성을 볼 수 있는 '정그리다'. 이곳은 70년이 넘는 건물을 복원해 바나나, 파파야, 파인애플, 커피나무 등 200여 개의 열대 식물로 가득 채워져있어 도심 속에서 자연을 느낄 수 있는 공간으로 자리잡았다.

인도네시아 발리에 온 듯한 느낌을 주는 '정그리다'는 코로나 때문에 해외로 떠나지 못하는 요즘 여행을 필요로 하는 사람들에게 간접적으로라도 동남아를 느낄 수 있게 해주는 공간이다. 문을 열고 들어서자마자 보이는 식물들은 들어오는 방문객들의 눈을 사로잡을 정도로 멋스럽게 인테리어 되어 있다. 곳곳에 있는 식물들 사이에 앉아 이곳의 시그니처 음료인 정그리야 한 잔을 마시면 하루의 피로가 싹 날아가는 것 같다.

서울 종로구 낙산성곽길2
매일 10:00 ~ 23:00, 휴무없음
02 . 6953 . 3331
주차 가능(지상 주차장)
정그리야
동남아, 휴양지

Hyundai city outlets

오가는 사람들로 붐비는 서울 도심 한복판에서 여유롭게 휴식을 취할 수 있는 '정그리다'. 오늘 하루를 바쁘게 보냈다면 이곳에 들러 하루를 정리해보는 건 어떨까. 마음과 몸이 쉽게 지칠 때, 걱정과 고민은 내려놓고 늘어지는 햇살을 바라보며 휴식을 취해보는 것을 추천한다.

Q. '정그리다'의 플랜테리어 포인트는 무엇인가요?

A. 테이블 개수를 줄이고 공간 공간마다 포인트를 잡아 식물을 배치한 것입니다. 플랜테리어를 할 때 인위적인 것보다는 자연을 그대로 표현하려고 노력했어요. 될 수 있으면 공간을 파괴하지 않도록 가장 큰 공간에 식물을 심고, 벽면에 식물을 달기도 했답니다.

Q. 손님들에게 어떤 카페로 기억되고 싶으신가요?

A. 다음에 또 오고 싶은 카페가 되고 싶어요. 그리고 멀리서 오신 분들이 '아, 내가 정말 이곳에 잘 왔구나'라는 생각을 가져주시고, 개인 SNS에 소중한 추억이라며 한 장의 사진을 남기게 해주는 그런 카페가 되고 싶어요.

도심 속 나만의 비밀정원

글린정원

소중한 사람들과 나만의 비밀정원에서 친밀한 시간을 보낼 수 있는 '글린정원'. 이곳은 세상에서 비켜나간 제3의 공간으로, 자연을 통해 위안을 얻어 가고자 하는 사람들에게 꾸준히 사랑받고 있는 공간이다.

스타즈호텔프리미어 건물 2층에 공간을 확보한 '글린정원'은 실제 정원을 실내에 그대로 옮겨 놓은 듯한 인테리어가 눈에 띈다. 내부를 둘러보면 식물들이 테이블을 두르고 있고 그 아래에는 물이 흐르고 있어 마치 계곡 속에 들어와 있는 느낌을 준다. 물이 흐르는 수변공간에는 수생식물들을 배치해 자연의 특징을 잘 살리기도 했다. 넓은 공간과 식물, 맛있는 파스타 덕분인지 이곳에는 가족 단위의 손님들이 주로 많이 찾아온다.

경기 화성시 통탄반석로 171 2층
평일 11:00 ~ 21:00, 휴무없음
브레이크타임 17:00 - 17:30
070 . 5047 . 5136
주차 가능(지하 주차장)
instagram.com/gleengarden
생면 꽃게로제파스타
수생식물, 계곡

GLEEN GARDEN

도심에서는 느낄 수 없는 자연을 포지셔닝한 '글린정원'. 여기야말로 남녀노소 모두 가지고 있는 힐링에 대한 본능과 욕구를 모두 채워 줄 수 있는 카페&레스토랑이 아닐까? 급한 마음을 잠시 내려두고 이곳에서만큼은 잔잔한 관엽식물들과 수생식물 그 속에 있는 작은 물고기들을 보면서 일상을 잠시 멈추어 볼 것을 추천한다.

Q. 공간이 하나하나 다 너무 예뻐요!

A. 감사합니다. 외부 자연을 실내에 도입할 때 어색하지 않고 최대한 자연에 가깝게 연출하려고 했어요. 예를 들면 화분 대신 화단 형식으로 연출하기도 하고, 수변 공간에 수생식물을 배치해 자연의 특징을 최대한 살리도록 노력했습니다.

Q. 글린정원만의 특별함은 무엇일까요?

A. 전문성이라고 생각합니다. 화려한 경력을 가진 수석 셰프팀의 음식, 해외까지 진출한 모기업(테마파크 사업)의 공간 기획 및 관리, 운영에 대한 노하우를 전수받아 '글린정원'을 운영하고 있습니다. 늘 최고의 서비스를 제공하면서도 본질을 유지하기 위해 노력하고 있습니다.

식물/토분 연구소

칼라디소토

창작자와 예술가들이 모여 있는 파주 헤이리마을에는 브랜드 토분 카페이자 플랜트 카페인 '칼라디소토'가 있다. 외관만 봤을 때는 어떤 곳인지 한눈에 알아보기 어렵지만 식물을 키우는 모든 가드너의 사랑을 듬뿍 받고 있는 카페이다.

플랜테리어 카페가 아닌 식물을 키우는 플랜트 카페인 '칼라디소토'. 이곳에 있는 식물들은 공간을 꾸며주기보다는 식물이 살아남기 위해 꼭 있어야 할 자리에 배치되어 있다. 인간의 취향보다는 식물의 취향을 존중한 셈이다. '칼라디소토'에 가장 큰 공간에는 팔루다리움이 전시되어 있다. 주변에는 앉아서 커피를 마실 수 있는 자리도 마련되어 있는데, 주로 이곳에 방문하는 식물집사들에게 큰 인기를 얻고 있는 자리이기도 하다.

경기 파주시 탄현면 헤이리마을 59-138 1층
매일 12:00 ~ 18:00, 월요일 휴무
0507 . 1385 . 7676
주차 가능(지상 주차장)
instagram.com/gtyen0923
다크클래식아메리카노
식물집사모임

Cala di soto
hand made TERRA COTTA POT
& Plant CAFE
CLOSED

11.000
8.500
4.000
3.800
3.000
7.800
9.500

식물을 사랑하고 좋아하는 모든 사람들의 소통의 장인 '칼라디소토'. 식물에 대한 이야기를 나눌 곳을 찾고 있거나 이제 막 식물에 관심이 생겼다면, 이곳에 한 번 찾아와보는 것을 추천한다. 커피 한 잔 마시며 서로 식물 키우는 데 어려운점을 같이 의논하고 키우기 팁을 공유할 수 있을 것이다.

Q. '칼라디소토'라는 상호명이 독특하네요!

A. '칼라디소토'는 영화 '일 포스티노'의 배경으로 나오는 가상의 섬 이름입니다. 망명 시인 네루다와 우편 배달부 마리오의 우정을 그린 서정적인 영화인데요. 칼라디소토에서 토분과 식물을 매개로 많은 가드너님들과 만나고 우정을 나누고 싶은 의미에서 '칼라디소토'란 이름으로 매장을 오픈하게 되었습니다.

Q. 식물관리가 쉽지 않은데 플랜트 콘셉트를 후회하신 적 없나요?

A. '칼라디소토'를 운영한지 만 2년이 되었지만 단 한번도 후회한 적 없어요. 제 평생 마지막 직업으로 선택했고, 제가 하고 싶은 걸 죽는 날까지 하자고 생각하고 출발했기에 지금도 그 마음은 변함없어요. 가끔 출근하기 싫은 날도 있지만 내가 해야만 하는 일, 누구도 대신 해줄 수 없는 내 일이 있어 즐겁고 행복합니다. 그거 아세요? 동물도 주인을 알아보듯 식물도 주인이 주는 물을 알고 있다는 것을….

식물과 사람이 모이는 따뜻한 공간

보타미 카페 앤 가든

KTX 창원 중앙역에서 211번 버스를 타고 6분 정도 달리면 다양한 토분과 식물, 인테리어 소품, 가구들이 따스한 분위기를 만들어주는 '보타미 카페 앤 가든'이 있다. 정원에서 보는 것보다 더 가까이에서 식물을 볼 수도 있으며 식물을 좋아하는 사람들이 취미를 공유하고 휴식을 취할 수 있는 카페이다.

'보타미 카페 앤 가든'은 '식물'이라는 관심사를 가진 사람들과 즐겁게 이야기할 수 있는 곳이다. 또한 정 좋은 정보를 나눌 수 있는 곳이기도 하다. 반지하구조의 건물 안엔 식물과 잘 어우러지는 우드중심의 인테리어가 되어있다. 그래서인지 상업적인 공간의 느낌이 덜 들고, 편안하게 둘러볼 수 있는 공간처럼 느껴져 오래 머물고 싶다는 생각이 들었다.

경남 창원시 성산구 외동반림로 270-1
매일 11:30 ~ 22:00(월요일 휴무)
055 . 261 . 9746
주차 가능(지상 주차장)
instagram.com/_votami
실타래빙수, 수제그레놀라요거트
창원식물카페, 듀가르송판매처

VOTAMI
CAFE&GARDEN

VOTAMI
CAFE&GARDEN

'보타미 카페 앤 가든'의 식물들은 자연스러우면서도 규칙이 있다. 비슷한 식물들을 작은 화분에 모아 심거나 같은 식물을 서로 크기만 다르게 해서 배치했다. 또한 다양한 화기와 서큘레이터, 식물등을 활용해 건강하고 예쁜 식물들을 키우고 있으니 예쁜 식물을 보고 싶은 사람들이라면 방문해보는 것을 추천한다.

Q. 건물 외벽 마감이 참 멋져요. 첫 눈에 봐도 뭔가 안에서 자연과 관련된 일이 벌어질 것 같습니다.

A. 남편이 건축가예요. 저는 도예를 전공하고 가드닝을 취미로 20년 정도 해오다가 이곳에 집을 지으면서 가드닝 카페를 시작하게 되었어요. 식물을 키우고 가꾸면서 느끼는 몰입감이 좋아서 많은 분들과 함께 즐길 수 있는 공간을 만들게 되었어요. 용호동은 공방도 많아서 근처에서 아티스트들의 다양한 작품과 활동을 볼 수 있어요. 식물 구경도 하시고 먹거리도 즐기시면서 같은 관심사를 가진 사람들을 자연스럽게 만나보세요.

Q. '보타미 카페 앤 가든' 방문한 손님들이 어떤 것을 느끼고 돌아가길 바라시나요?

A. 실내에서도 잘 자라는 식물들이 정말 많다는 것을 더 많은 분이 이곳에서 느끼고 돌아가셨으면 좋겠어요. 많은 분들이 자연을 찾아 멀리 가야만 한다고 생각하지만 그렇게 하지 못하는 분들도 계세요. 그런 분들이 도심에서도 충분히 자연을 즐길 수 있다는 것이 얼마나 좋은 일인지 같이 느낄 수 있는 공간이 되길 바라요.

02

꽃과 식물이 있는 카페

RESTROOM
heart fluttering

꽃과 식물, 커피로 힐링하는 공간

바바라 플라워 카페

고양시 호수공원 근처에 위치한 '바바라 플라워 카페'는 아름다운 인테리어와 맛있는 커피, 꽃과 식물, 직원의 친절한 서비스로 많은 사람에게 사랑을 받는 곳이다.

'바바라 플라워 카페'에 들어서면 가장 먼저 홀 중앙에 매력적인 행잉 식물이 보인다. 뿐만 아니라 매장의 포인트마다 다양한 매력을 풍기기 때문에 꽃을 잘 모르는 사람이라도 이 공간에 흠뻑 빠지곤 한다. 더불어 소품과 가구도 저 혼자 튀지 않고 공간에 잘 녹아들어 분위기를 더해준다. 그 밖에도 '바바라 플라워 카페'는 시안색의 현관, 꽃집, 카페, 와인바 등의 다양한 콘셉트를 가지고 공간을 운영하고 있다.

경기 고양시 일산동구 중앙로1261번길 55
매일 09:00 ~ 03:00, 휴무없음
0507 . 1324 . 5010
주차 가능(지하 주차장)
instagram.com/babara_flower_cafe
콘파냐(Hot)
\# 천장행잉장식, 플라워

바바라
플라워 카페
바바라표
피크닉세트로
호수공원 나들이 다녀오세요
031 909 5010
꽃
order
class
gardening
babara_flower
031-909-5010

사장님의 취향과 트렌드를 믹싱했다는 '바바라 플라워 카페'에서는 꽃과 식물에 관련된 다양한 것들도 판매하고 있다. 그중 가장 눈에 띄는 것은 비교적 저렴한 가격에 팔고 있는 '한 송이 꽃'이다. 저렴한 가격으로 적당한 꽃을 살 수 있다는 장점 때문인지 커피 한 잔 마시러 카페에 들렀다가 뜻하지 않게 아름다운 꽃을 들고 집으로 돌아가는 손님들의 모습을 쉽게 찾아 볼 수 있었다.

Babara

Q. 매장에서 한 송이꽃 판매를 하는 특별한 이유가 있으신가요?

A. 꽃은 특별한 날, 선물해야 하는 날 사는 비싼 것이라는 생각을 바꿔 보고 싶었어요. 그래서 가벼운 마음으로 구입하길 바라는 마음으로 한 송이꽃을 판매하게 되었어요. 꽃은 부담스러운 것이 아니라 힐링을 선물해주고 행복을 가져다준다는 것을 모두가 느껴봤으면 좋겠어요.

Q. '바바라 플라워 카페'는 사람들에게 어떤 공간으로 기억되고 싶으신가요?

A. 바바라에 꽃을 사러 오거나, 커피를 마시러오는 사람들 모두 편안한 마음으로 쉼을 얻고 집으로 돌아갈 수 있었으면 좋겠어요. 또한 좋은 마음을 가지고 만든 이곳을 추억이 있는 곳, 또 가고 싶은 곳으로 기억해주시면 좋겠습니다.

여유롭게 쉬어가세요.

뤽상부르 카페

은평구 갈현동 비좁게 들어선 건물들 사이에 있는 '뤽상부르 카페'. 잔잔한 조명과 플랜트 인테리어로 따뜻함과 편안함을 주는 공간이다. 최근 들어서는 입소문이 빠르게 퍼지면서 젊은 사람들의 작은 쉼터가 되기도 했다고 한다.

'뤽상부르 카페'는 이름 덕분인지 공간이 주는 느낌만으로도 사람의 마음을 편하게 만들어 준다. 이곳에서 달콤한 와플과 음료를 먹으며 가만히 공간을 둘러보면 식물들이 놓인 위치 하나하나가 포인트가 되어 보는 재미도 쏠쏠하다. 가장 눈에 띄었던 것은 식물들 사이로 보이는 레트로 물건들이다. 어울리지 않을 것 같은 조합이지만 서로가 한 공간에서 어색하지 않게 자연스러운 조화를 이뤄 공간에 감성을 한층 더 높여주고 있는 모습이다.

서울 은평구 연서로25길 6-11
매일 11:00 ~ 23:00, 휴무없음
02 . 385 . 2846
주차 가능(지상 주차장)
instagram.com/cafe_luxembourg_seoul
스페셜와플
파리공원, 와플맛집

섬세한 식물관리로 푸릇한 공간을 유지하고 있는 '뤽상부르 카페'. 동네 사람들 뿐만 아니라 젊은이들의 취향을 저격해버린 포토존을 빼놓을 수 없다. 행잉식물과 큰 테이블 위에 올라가있는 꽃이 카페 메뉴와 어우러져 좋은 포토존이 되었다. 모든 이의 취향을 담은 '뤽상부르 카페'. 도심 속에서도 한적한 곳을 찾고 싶다면 이곳에서 쉬어가길 추천한다.

Q. 식물들 사이에 레트로 소품들이 눈에 띄어요!

A. 개인적으로 옛 물건을 좋아해 하나씩 들이다보니 이 정도의 레트로 물건들이 모였어요. 저의 감성이 젊은층과 통했는지 찾아와주시는 손님들도 좋아하시더라고요. 곳곳의 포인트를 사진으로 남기고 SNS에 기록해주셔서 그저 감사할 따름입니다.

Q. '뤽상부르 카페'에 있는 식물들은 푸릇함을 잃지 않고 잘 관리되고 있네요!

A. 카페에서 와플을 구워서인지 습도가 늘 적당하게 유지되어 큰 문제없이 식물이 잘 자라는 것 같아요. 그래도 혹시나 히터, 에어컨 바람에 잎이 마르진 않을까 주기적으로 물을 주면서 식물과 늘 교감을 하며 식물이 시들지 않게 잘 유지하고 있습니다.

고즈넉한 카페
푸르른 식물의 아름다움을 보여주는

오쉐르플라워카페

경기도 파주, 한적한 아파트 단지 안쪽에 '오쉐르플라워카페'가 있다. 확 트인 넓은 실내 안에 과감하게 자리 잡고 있는 플랜트 인테리어, 차분하고 우아한 앤틱가구가 매력적인 공간이다.

히브리어로 '행복'이라는 뜻을 가지고 있는 '오쉐르플라워카페'는 적절한 식물배치로 어떤 자리에 앉든지 녹색이 주는 싱그러움과 쾌적함을 느낄 수 있는 곳이다. 120평 되는 카페 공간 곳곳에는 고풍스러운 가구와 웜톤의 따스한 조명으로 거실처럼 편안한 느낌이 가득하다. 이곳에 방문하는 손님들은 꽃과 차의 향을 천천히 느끼다가 다시 일상으로 돌아가곤 한다.

경기 파주시 송화로 73-42
화-토 10:00 ~ 22:00
일 13:00 ~ 22:00
월요일 휴무
0507 . 1324 . 8221
주차 가능(지상 주차장)
instagram.com/osher_flower_
허브티
앤티크, 원예치료

OSHER CAFE
031-942-8221
OPEN
coffee & flower
오쉐르

방문객들이 일상에서 지치고 힘든 몸과 마음을 커피와 차 그리고 식물이 있는 이곳에서 회복하고 행복한 마음으로 돌아가길 바란다는 오쉐르플라워카페, 이곳은 단순한 카페가 아니라 원예치료실이 따로 있어 수업과 원데이 클래스(꽃다발, 꽃바구니, 테라리움, 디시가든)를 운영하고 있으며, 다양한 프로그램으로 꽃과 식물을 접하며 오감을 자극해 정신적 치유와 신체적 치유를 동시에 진행하고 있다. 쉼이 필요한 사람은 이곳에 방문해 프로그램에도 참여해보는 것을 추천한다.

Q. 이 공간에서 가장 신경 쓴 부분이 있나요?

A. 모든 공간의 조화를 신경썼어요. 어떤 자리에 앉든 실내 연못의 물소리를 듣고 식물을 볼 수 있게 좌석을 배치해서 쾌적하고 편안하게 쉴 수 있도록 했습니다.

Q. 오쉐르 카페가 어떤 공간으로 기억되길 바라시나요?

A. 단순히 차만 마시러 오는 카페가 아니라 이곳을 기억하면 '오쉐르(행복)'한 마음이 들어 다시 오고 싶은 그런 카페가 되길 바랍니다. 저희 '오쉐르플라워카페'는 언제나 친절함과 따뜻한 마음이 있는 곳으로 기억될 수 있도록 노력할 것입니다.

식물과 꽃이 살아 숨쉬는 곳
플라워카페

벌스가든

연남동 한적한 골목 어귀에 자리 잡고 있는 '벌스가든'. 이곳은 도시인의 건강을 지키고 경직된 마음을 말랑하게 해줄 도심 속 식물 플라워카페로, 예쁜 꽃과 식물을 만날 수도 있고, 아름다운 공간에서 음악과 음료, 디저트를 즐기면서 여유로운 시간을 보낼 수 있는 곳이다.

매장 곳곳에 배치되어있는 드라이플라워가 눈길을 끄는 '벌스가든'은 취급하고 있는 생화가 시들면 버리는 것이 아니라 드라이플라워로 새활용해 또 다른 느낌의 인테리어 장식을 하고 있다. 그 중 대표적인 작품이 '플라월'이라 불리는 꽃 벽인데, 이 벽은 100여 가지가 넘는 종류의 꽃들을 드라이해 제작한 공간이라고 한다. '벌스가든' 대표 작품으로 만든 포토월은 방문할 때마다 사진을 찍고 SNS에 올리는 것이 유행처럼 번지고 있다.

서울 마포구 성미산로 23길 44
화-일 11:00 ~ 22:00, 월요일휴무
0507 . 1364 . 1888
주차 공간 없음
instagram.com/vers_garden
가든티, 당근케이크
포토월, 드라이플라워

OPENING HOURS 12:00 – 22:0
Cafe
Gardening
BF Flower & Plants
1F Cafe
Living
With
Flowers
Every
Day

여유를 가질 틈도 없이 바쁜 나날을 보내는 사람들에게 치유가 되는 플랜트 카페로 점점 더 크게 성장하고 있는 '벌스가든'. 이곳은 사람들의 오감을 만족시킬 뿐 아니라 계절에 맞게 공간이 바뀌어 방문할 때마다 새로운 기분을 느낄 수 있다는 장점이 있어 사람들의 발길이 끊이지 않고 있다.

Q. '벌스가든'에 찾아오는 사람들의 반응이 궁금해요.

A. 처음 방문해주신 분들은 우선 향에 대해 많은 이야기를 해주세요. 또 계절별로 다양한 꽃과 식물이 변화하는 공간을 보면 기분이 많이 좋아진다고 합니다.

Q. '벌스가든'이 준비하는 프로젝트가 있나요?

A. '벌스가든'을 처음 시작할 때 많은 분들이 반려식물을 어렵게 생각하지 않고 반려동물처럼 교감할 수 있도록 도와드리는 것이 저희의 목표였습니다. 지금도 그 목표를 지켜나가기 위해 많은 것들을 시도하고 노력하고 있습니다.

춘천 속 제주감성

스톤 플랜트

춘천고속버스터미널에서 버스로 25분 남짓, 학원가와 상가가 밀집한 곳에 '스톤 플랜트'가 있다. 제주도의 돌담길을 그대로 옮겨놓고 제주를 떠올리는 메뉴가 있는 이색적인 공간을 소개한다.

'스톤 플랜트'는 커피를 내리는 공간과 휴식을 즐기는 공간이 나뉘어 있다. 자신만을 위한 공간을 꿈꾸는 MZ세대의 취향이 반영된 셈이다. 곳곳엔 제주도의 아름다움만 모아놓은 것 같은 인테리어가 눈에 띈다. 흰 벽과 넓은 창, 식물과 꽃까지 조화롭게 놓인 공간은 시원한 휴양지 느낌을 준다. 넓은 야외정원이 없어도 충분히 휴식하기 좋게 꾸며져있는 공간엔 학생들이 많이 찾아온다고 한다.

- 강원 춘천시 퇴계농공로 19 2층
- 매일 10:00 ~ 22:00, 휴무없음
- 010 . 4571 . 3983
- 주차 가능(지하 주차장)
- instagram.com/cafe_stoneplant
- 제주녹차라떼, 한라봉주스

힐링할 수 있는 공간을 만들고 싶었다는 '스톤 플랜트'. 바쁜 일상에 멀리 떠나기 힘든 요즘 딱 알맞은 공간이 아닐까 싶다. 넓은 창으로 들어오는 햇살, 편백 나무 칩에서 나는 향을 맡으며 먹는 예쁜 케이크와 음료, 거기에 조명, 장식물, 플라워페이퍼 등을 계절별로 특색있게 꾸민 포토존까지. 완벽한 공간에서 방문객들은 친구, 연인, 아이들과의 추억을 기록하며 머물다 떠난다.

LIKE
HOUSE

Q. '스톤플랜트'를 한마디로 표현하자면?

A. '내려놓기'입니다. 학업 스트레스 및 여러 고민거리를 내려놓고 여행을 즐기시길 바랍니다. 꾸준히 사랑을 주어야 잘 자라는 식물처럼 나 자신에게도 꾸준히 사랑을 주는 공간이 되면 좋겠어요. 저희도 많은 분들이 마음의 여유를 가지고 다시 힘내는 곳이 되도록 노력하겠습니다.

Q. 스톤 플랜트만의 장점을 말씀해 주세요.

A. 춘천에서 제주감성을 즐길 수 있다는 게 가장 큰 장점이에요. 제주 녹차라떼와 한라봉주스, 예쁜 케이크를 즐기고 편백나무 향기도 맡으면서 힐링할 수 있는 카페는 흔하지 않으니까요.

당신은 꽃과 같다

리리스카페

계화 예술공원 안에 있는 플라워 카페, '리리스카페'는 마치 동화 속에 들어온 듯한 기분을 느낄 수 있는 테마별 공간이 인상적이다. 특히 천장에 달린 드라이 플라워는 눈을 잠시도 가만히 있게 하지 않는다.

계화 예술공원 내에 꽤 넓은 공간을 가진 '리리스카페'는 공간의 형태보다도 꽃들이 주는 컬러, 벽지 등이 시선을 사로잡는다. 통일된 공간이 아니라 건물 속에서 행잉, 가벽, 소품들을 이용해 새로운 느낌들이 연출되어 있어 지루하지 않고 각 테마 공간마다 독특한 콘셉트를 지니고 있다. 더불어 방문자들에게 '인간에게 식물이 얼마나 중요한가'를 느끼게 하고, 실내에서 자연을 느끼게 하며 편안한 휴식을 제공한다.

충남 보령시 성주면 개화리 177-2 개화예술공원 내
매일 09:30 ~ 18:00, 휴무없음
070 . 4133 . 2845
주차 가능(지상 주차장)
www.ririss.com
꽃담은 모히또
테마별공간

일상의 고됨과 피로가 쌓인 손님들이 주인과 서로 마음을 공감하면서 다독여 줄 수 있는 공간을 만들고 싶었다는 '리리스카페'. 색다른 느낌의 카페를 찾고 있다면 늘 봄 같은 이곳을 방문해보는 것은 어떨까? 이곳에서 지친 일상을 쉬어가기도 하고, 따듯한 위로를 받을 수도 있을 것이다.

Q. 가장 신경쓰신 공간이 어디인가요?

A. 육아를 하는 어머님들을 위해 마련한 수유실입니다. 육아는 당연한 것임에도 난감할 때가 많더라고요. 저도 엄마이고 육아와 모유 수유가 얼마나 민감하고 힘든 일인지 잘 알고 있기 때문에 가장 신경을 많이 썼답니다.

Q. 꽃과 식물관리는 쉽지 않죠. 플라워 카페를 차린 걸 후회하지는 않으셨나요?

A. 네. 오시는 분들께서 "너무 예쁘다"라고 하시거나 힐링이 된다며 기분 좋아하시는 모습을 볼 때마다 힘든 기억은 사라지고 보람차진답니다. 가끔 어떤 분들은 "이렇게 예쁜 카페를 만들어 주셔서 감사합니다."라며 인사해주시는 분들도 있어요. 정말 이 카페를 차려서 운영하는 건 너무 행복하고 값진 일이랍니다.

사계절 꽃들의 여유로움과
설렘이 가득한

우연히, 설렘

파주의 한적한 시골길 위에 아늑함을 풍기며 당당히 자리를 잡은 '우연히, 설렘'. 멀리 보이는 한강뷰와 통유리창 밖의 초록 뷰를 보며 디저트를 즐길 수 있는 곳이다. 비 오는 날에는 운치 있고 햇빛 좋은 날에는 창으로 들어오는 햇살이 참 아름다운 공간이다.

작은 디테일까지 놓치지 않은 '우연히, 설렘'은 디자인이 돋보이는 외관을 지나 건물 안으로 들어가면 천장에 띄운 프리저브드와 식물들이 눈을 사로잡는다. 방문자들에게 가장 인기가 좋은 자리는 숲과 한강이 보이는 창문 앞자리다. 이곳에 앉아서 가장 좋아하는 노래를 틀고, 시원한 커피를 마시며 멍하니 창 밖을 바라보면 그간 받았던 스트레스가 모두 풀리는 느낌을 받을 수 있다.

- 파주 소라지로 319
- 매일 11:00 ~ 23:00, 매주 화요일 휴무
- 0507 . 1336 . 3035
- 주차 가능(지상 주차장)
- instagram.com/heart_flutering
- 아몬드소금크림커피, 파블로바
- # 한강뷰, 프리저브드행잉

COFFEE & DESSERT
319

HEART FLUTTERING
coffee
HEART FLUTTERING

사계절 피어나는 야생화로 카페 콘셉트를 기획 중인 '우연히, 설렘'. 오로지 나만의 머릿속에 있던 것을 내 손으로 완성하고, 사람들도 감탄을 금치 못할 때 그 만족감은 정말 상상 이상일 것이다. 계절에 따라 꽃이 피고 지는 과정을 지켜보고 싶다면 계절마다 '우연히, 설렘'을 방문해보자. 이곳을 찾은 모두가 계절의 변화를 쉽게 느끼고 즐거움과 추억을 가득 담아갈 수 있을 것이다.

Q. 카페 콘셉트를 꽃과 식물로 잡은 이유가 있으신가요?

A. 카페 외관이 좀 투박하다보니 인위적이지 않으면서 자연스럽고 부드러운 이미지를 찾으려고 구상하던 중 꽃과 식물이 떠올랐어요. 그렇게 카페 콘셉트를 꽃과 식물로 잡게 되었습니다.

Q. 카페를 운영하면서 가장 기분 좋은 순간은 언제였나요?

A. 찾아주시는 손님들이 카메라에 사진을 담고, 자리마다 사장님의 정성이 느껴진다고 칭찬해주실 때마다 그동안의 제 고생스러움이 사라진답니다. 그리고 다음에는 어떤 스토리로 카페를 디자인해 찾아주시는 손님들에게 즐거움과 추억을 만들어줄까? 라는 즐거운 생각을 하며 미소를 짓곤 합니다.

언제나 그곳에서 기다리고 있어요

블리스플라워

서울 노원구 태릉입구역 근처에 20년간 한 자리를 지켜온 꽃집이자 카페 '블리스플라워'가 있다. 누구나 본인이 사는 동네에서 한 자리를 쭉 지켜온 가게들을 기억할 것이다. 그런 공간 특유의 중후하고 묵직한 노련미가 이곳에도 잔뜩 묻어있다.

그린과 브라운 계열의 외관 덕분인지 한겨울에도 따스함이 느껴지는 '블리스플라워'의 벽면 곳곳에는 꽃과 식물, 자연소재들을 이용해 만든 작품들이 장식되어 있다. 생화와 프리저브드 색감이 화사한 꽃으로 장식된 작품은 공간에 아름다움뿐만 아니라 새로움을 제안하기도 한다. 이곳은 50평의 내부 공간을 크게 3가지로 구분해 다양한 공간 장식을 볼 수 있도록 해 방문객들의 취향을 모두 만족시키기도 했다.

- 서울 노원구 동일로174길 9-52
- 매일 09:30 ~ 21:30, 휴무없음
- 0507 . 1414 . 7434
- 주차 가능(건물 옆 주차)
- instagram.com/blissflower_cafe
- 허브티
- # 벽장식, 그린에너지

AFE BLISS

이곳에 들어서는 사람들에게 저마다의 감정, 생각이 있겠지만 그들 모두에게 위로를 주는 공간이 되고 싶다는 '블리스플라워' 카페. 자연이 주는 녹색 에너지가 간절한 날 보기만 해도 싱그러운 꽃과 식물이 반기는 '블리스플라워'에 방문해 보는 것을 추천한다.

Q. 지금의 모습으로 만들기까지 많은 힘을 쏟으셨다고 들었어요.

A. 70년도에 지어진 건물이라 제가 입주할 때는 거의 폐가와 마찬가지였어요. 가족과 함께 공간을 디자인하고 작업하며 하나씩 차근차근 고쳤어요. 많은 시간과 에너지를 쏟았더니 손님들이 가치를 알아봐 주시기 시작했답니다. 매일 같이 찾아오시는 분도 있었고, 날이 따뜻해져 식물이 모두 밖에 있을 때면 카페 앞에서 사진 찍고 가시는 분들도 많아졌어요.

Q. '블리스플라워'의 강점은 무엇이라고 생각하시나요?

A. 다양한 고객층을 만족시킬 수 있다는 점입니다. 화훼 전문가로서 오랜 경력을 가진 저는 '블리스플라워'를 찾는 사람에게 힐링을 주는 것뿐만 아니라 다양한 공간 장식을 선보이면서 연령대별 고객의 취향을 만족시키려고 노력하고 있습니다.

식물이
있는 카페

꽃과 식물이
있는카페

03

정원
카페

온실카페
추천 2선

당신의 식물 투어
는 어땠나요?

식물 좋아하세요? 혼저옵서

인더그린 제주

제주공항에서 332번 버스를 타고 약 30분 거리의 제주고등학교에 하차하면, 도보로 8분 정도 되는 곳에 식물이 가득한 숲속 같은 '인더그린 제주'가 있다. 이곳에서는 2,000여 평의 넓은 공간에서 자연과의 교감을 즐길 수 있다.

온실과 정원을 모두 갖추고 있는 '인더그린 제주'의 내부는 배경색에 주변 식물들까지 더해져 초록 세상 속으로 들어가는 느낌을 받을 수 있다. 곳곳에는 눈부시게 화사한 꽃들이 있어 순간마다 달콤한 꽃향기가 콧속으로 들어오고 테이블도 넉넉하게 떨어져 있어 이야기를 나누기도 좋다. 카페 뒤쪽에는 가족 또는 반려동물과 산책할 수 있는 산책로도 있어 휴식하고자 제주도를 찾은 사람들에게 인기가 좋다.

- 제주시 1100로 3198-20
- 매일 10:00 ~ 19:30, 일 휴무
  주말 11:00 ~ 19:30
- 064 . 711 . 9272
- 주차 가능(지상 주차장)
- instagram.com/in_the_green_jeju
- 1100고지, 연유라떼
- # 달콤한꽃향기, 식멍

그냥 앉아만 있어도 힐링이 되는 '인더그린 제주'. 이곳이야 말로 가장 제주다운 모습을 가지고 있는 카페가 아닐까 싶다. 시야가 좁아지고 있다고 느낄 때, 탁 트인 공간에서 숨을 한번 크게 쉬고 싶거나 세상을 더 멀리, 넓게 보고 싶을 때 이곳에 방문해 보는 것을 추천한다.

in the green

in the green

Q. 원데이 클래스도 진행하신다고 들었어요.

A. 서양식 매듭공예인 '마크라메' 클래스를 진행하고 있습니다. 몇 가지의 매듭만 알면 다양하게 만들 수 있어요. 일반적인 실 중에서 만들고 싶은 종류에 따라 가는 실과 두꺼운 실로 나뉘어 작업을 하는데, 그 외에도 제주도의 다양한 소재를 사용하기도 합니다. 제가 직접 칡넝쿨을 가져다가 리스를 만들고 산에 다니다가 예쁜 솔방울을 가져오기도 해요. 행잉플랜트를 좋아하신다면 저희 매장에서 마크라메를 만들어 인테리어 해보시는 것도 추천합니다.

Q. 제주도를 방문하려는 분들께 한마디 부탁드려요.

A. 저는 제주도를 여행하면서 돌담 사이로 핀 고사리에 꽂혔었어요. 여러분도 제주도를 놀러 오시면 돌담을 유심히 보세요. 가짜인가 싶을 정도로 정말 예쁘게 피어있답니다. '인더그린 제주'에도 한번 놀러오세요. 맛있는 커피와 함께 자연을 즐기실 수 있을 거예요.

사계절 내내
푸른 녹음이 인상적인 식물카페

카페나름

충주에 있는 봉방동 대봉교를 건너 큰집 막창과 새마을 금고 사이로 들어가면 신호 공업사가 나온다. 거기서 좌회전으로 들어가면 푸른 녹음에 답답했던 가슴이 확 트이고 햇살 한 줌에 따뜻한 기분을 느낄 수 있는 작은 쉼터, '카페나름'을 발견할 수 있다.

초록의 싱그러움이 그리운 사람들에게 편안한 쉼터를 제공해주는 '카페나름'은 카페 내·외부에 백여 개 정도의 식물이 자리하고 있다. 그 중 가장 인기 있는 곳은 카페 한가운데 만들어져 있는 화단이다. 화단이라고 해서 인테리어로만 생각한다면 오산이다. 마치 숲 안으로 들어가 커피를 마시는듯한 느낌을 즐길 수 있는 공간이기 때문이다.

충북 충주시 봉방6길 18
평일 12:00 ~ 21:00, 매주금요일 휴무
주말 13:00 ~ 21:00
0507 . 1384 . 0629
주차 불가
instagram.com/cafenareum
계절나름
우드그린, 애견동반카페

곳곳에 푸릇푸릇한 식물들과 꽃이 보이는 '카페나름'. 시그니처 메뉴를 주문한 뒤 뒷문으로 나가보면 작은 정원도 볼 수 있다. 그곳에는 장애물 없이 한눈에 보이는 다양한 식물들이 있다. '카페나름'을 둘러보면 식물을 감상하거나 휴식을 취하러 온 사람들을 위해 다양한 노력을 하고 있다는 것이 절로 느껴진다.

Marshall

Q. '카페나름'에서 대표님의 최애 공간은 어디인가요?

A. 한 곳만 고르자면 가운데 만들어져있는 화단이에요. 이것저것 심어볼 수 있는 작은 화단을 가지고 싶어서 엄청나게 고민한 끝에 카페 한가운데 이렇게 만들게 되었어요. 처음엔 블루베리 나무나 석류, 머루 등 과실수 위주였지만, 이 나무들은 더 많은 바람과 빛이 필요했기에 밖으로 옮겨 심어줄 수밖에 없었어요. 3년간의 시행착오 끝에 지금 이 자리엔 남천과 나비란이 자리 잡고 있어요.

Q. '카페나름'의 매력포인트는 무엇인가요?

A. 푸릇푸릇한 식물들과 계절에 맞는 예쁜 꽃, 정성이 들어간 카페 메뉴예요. 양식 주방에서 일했던 경험을 바탕으로 메뉴에 차별성을 두고 싶어 시럽부터 간단한 디저트까지 다 직접 만들고 있답니다. '카페나름'의 시그니처 메뉴인 '계절나름'은 제철 과일을 청으로 담가 과일 본연의 맛을 담은 음료예요. '계절나름'으로 '카페나름'을 기억해 주시는 분들도 계신답니다.

THE
KINFOLK
TABLE

73
72
당신은 좋은 습관이 있나요?

식물을 보며
편안한 마음으로 식사하는 곳

살롱순라

종로3가역 7번 출구로 나오면 도보 3분 거리에 '살롱순라'가 있다. 이름처럼 고풍스러운 외관은 한눈에 봐도 이곳이 '살롱순라' 양식점이라는 것을 알아볼 수 있다.

한국과 유럽의 분위기를 오묘하게 오가는 '살롱순라'는 매장 내에 가득한 식물들이 무럭무럭 자라서 방문할 때마다 다른 곳에 온 것 같은 느낌이 든다. 무성한 식물들을 지나 뒷문으로 나가면 자연 친화적인 분위기의 비밀 정원이 나온다. 정원에는 오랜 시간 뿌리를 내린 장미와 라일락이 공간을 채우고 있는데, 4월엔 라일락 향기로 시작해서 5월 무렵 피어난 장미가 6월까지 절정을 이룬다.

서울 종로구 율곡로10길 75
화-금 11:30 ~ 23:00, 월요일 휴무
화-금 브레이크타임 15:30 ~ 17:00
0507 . 1414 . 0084
주차 불가
instagram.com/salonsulla
명란크림파스타
비밀정원, 에너지충전소

SALON
SULLA

어딜 가더라도 아름다운 꽃에 눈이 가고 멋진 플랜테리어에 욕심이 난다는 '살롱순라'. 장맛비와 푹푹 찌는 더위가 연일 계속되는 요즘 지친 몸과 마음에 신선한 에너지를 충전하러 방문해 보는 것을 추천한다.

CLOSED
Sulla Fried
Chicken

Q. '살롱순라'라는 상호명이 독특한 것 같아요!

A. 18세기 유럽에서 유행처럼 번졌던 모임을 '살롱'이라고 했어요. 공통적인 취향을 가진 다양한 계층의 사람들이 한데 모여 자연스레 대화가 오가고 취향을 공유하면서 소통하는 동안 살롱에선 예술과 철학이 무르익었었죠. 순라길에서도 살롱 문화가 꽃피었으면 하는 마음으로 '살롱순라'라는 상호를 짓게 되었습니다.

Q. '살롱순라'가 어떤 공간으로 기억되길 바라시나요?

A. 좋은 일을 만들고 싶을 때 가장 먼저 생각나는 곳이 되길 바라요. 소중한 기념일을 간직하고 싶거나 좋은 사람들과의 대화가 필요할 때, 쉬고 싶을 때 부담없이 찾아올 수 있는 '살롱순라'가 되었으면 좋겠습니다.

꽃이 가득한 카페

로즈스텔라정원

계양역에서 마을버스 583번을 타고 다남동 소촌마을 입구에서 하차하면 다남중앙교회 근처에 있는 '로즈스텔라정원'을 만날 수 있다. 바람에 꽃잎이 흩어지듯 계절에 따라 꽃들이 피고 지는 공간. 사람들의 행복함이 묻어있는 '로즈스텔라정원'을 소개한다.

20년간 운영하던 작은 꽃집에 카페사업을 함께 운영하게 된 '로즈스텔라정원'은 사계절에 맞는 대표 식물들이 정원을 가득 채우고 있다. 실내로 들어가면 창가에서 정원을 바라보는 자리가 나온다. 봄에는 바람에 흩날리는 서부 해당화 꽃을, 여름에는 배롱나무가 피워내는 화려한 꽃을, 가을에는 저 멀리 노랗게 벼가 익어가는 모습을, 겨울에는 눈 쌓인 하얀 정원을 볼 수 있다.

인천 계양구 다남로143빈길 12
화-금 11:30 ~ 15:00, 매주 월요일 휴무
032 . 544 . 3624
주차 가능(지상 주차장)
instagram.com/likeselim
홍차, 썸머가든파티
아늑한, 데이트

Rose Stel
Garden

카페 벽 곳곳에는 '로즈스텔라정원'에서 직접 그린 작품들이 걸려 있다. 이 작품들은 모두 이곳의 정원 이야기가 담겨있어 보는 이들도 모두 흥미롭게 감상할 수 있다. 다양한 스토리로 공간을 꾸민 '로즈스텔라정원'. 작지만 소중한 공간에서 계절의 아름다움을 느끼고, 피어나는 꽃들에게서 무한한 위로를 받는 시간을 보내길 바란다.

Q. 카페에 걸린 그림을 직접 그리셨다고 하셨는데, 영감을 어디서 받으셨나요?

A. 카페 그림들은 플로리스트로 활동하시는 어머니께서 '로즈스텔라정원'의 이야기를 담아 그렸기에 보는 이들이 모두 즐길 수 있는 것 같아요. 그림들은 정원의 계절에 따라 조금씩 변화를 주는데, 봄에는 정원의 피크닉, 여름에는 백일홍과 수국, 가을에는 풍성한 가을 사과, 겨울에는 라넌큘러스 등 계절별 꽃들을 그린 그림들로 채워진답니다.

Q. '로즈스텔라정원'에서 가장 인기있는 공간은 어디인가요?

A. 창가에서 정원을 바라보는 자리입니다. 이 자리에서는 계절의 변화가 잘 보이는 곳이에요. 아름다운 곳을 같이 바라보며 이야기를 나누는 가장 낭만적인 자리이기 때문에 많은 사람들이 선호하는 공간입니다.

정원이 매력적인

카페 보니비

충남 공주시 반포면 주택단지들 사이에 '카페 보니비'가 있다. 밖에서 보면 일반 가정집 같아 보이지만, 가정식 정원 카페로 타지역 사람들까지 자주 찾아오는 곳이다. 식물을 가득 들여놓아 가만히 앉아만 있어도 휴식을 즐길 수 있는 특별한 공간을 소개한다.

개인 주택이었지만 1층을 카페로 만들어 운영하고 있는 '카페 보니비'는 풀 한 포기 없던 맨땅에 계절마다 나무를 심고 다양한 꽃을 심어 지금의 정원 모습을 갖추게 되었다. 현재는 에매랄드그린, 스카이로켓, 향나무, 블루엔젤, 감, 대추, 모과, 사과, 석류 등의 열매나무를 비롯해 수백 종의 다양한 식물이 빼곡히 자리를 잡고 있다.

충남 공주시 반포면 정광터1길 164-3
화-금 11:30 ~ 18:00, 매주 월 휴무
010 . 4571 . 3983
주차 가능(지상 주차장)
instagram.com/4tree_
장미꽃차
정원카페, 특별한 공간

CAFE BONNIE BEE
CAFE

한적한 시골 마을에 터를 잡고 정원을 가꾸기 시작하면서 조금씩 풍성해지고 아름다워지는 정원을 많은 사람들에게 보여주고 싶었다는 '카페 보니비'. 몸과 마음이 고되고 힘들어 어디론가 훌쩍 떠나고 싶을 때 이곳에 방문해보는 것을 추천한다. 이곳에서는 정원에 어울리는 향긋한 꽃차와 맛있는 커피. 소박한 시골의 풍경을 바라보고 나면 좀 더 가벼운 마음으로 하루를 정리할 수 있을 것이다.

Q. '카페 보니비'의 장점은 무엇인가요?

A. 사계절 다른 풍경을 보여주는 아름다운 정원과 시골집에 놀러온 듯한 편안한 인테리어가 가장 큰 장점입니다.

Q. 다른카페에 비해 비교적 문을 빨리 닫는거 같은데요. 특별한 이유가 있나요?

A. 좋아하는 일을 더 오래 하기 위해서 6시에 문을 닫고 있습니다. 제가 지치면 정원을 가꿀 시간도, 즐길 여유도 없어지기 때문이죠. 또한, 저는 새로운 식물에 대한 공부를 검색으로 하지 않고 공간마다 습도와 온도를 체크해가며 순전히 경험으로 공부하고 있어요. 그래서 남들보다 이르게 문을 닫고 손님들이 모두 떠난 저녁 시간부터 식물들을 가꾸고 새로 들여온 비비추와 겹작약을 애지중지 가꾸며, 현장실습 개념의 공부를 시작합니다.

자연이 품은 카페

트레블브레이크

태안군 안면읍 작은 시골집이 옹기종기 모여있는 곳에 '트레블브레이크'가 있다. 빌딩 숲 대신 야자수가 만든 그늘과 베드에서 쉼을 만끽하고 화덕으로 구운 마르게리타와 진한 에스프레소 한 잔으로 최고의 휴식을 즐길 수 있는 공간이다.

태안의 명물, 안면도 해송(소나무숲) 안에 있는 '트레블브레이크'는 벚나무, 목백일홍, 단풍, 철쭉, 마로니에, 느티나무, 목련, 자목련, 모과나무, 감나무, 동백나무, 개나리, 조팝나무, 꽃사과, 수국, 청화각, 소나무들이 매장 외부를 감싸주고 있으며, 테라스의 야자수가 동남아의 분위기를 더해주고 있다. 봄이 오면 벚나무들이 벚꽃잎을 눈처럼 내려주는데 너무 아름다워 눈에만 담는 게 아쉬울 정도다.

충남 태안군 안면읍 등마루1길 125

평일 10.00 ~ 20:00, 휴무없음

주말 10:00 ~ 20:30

0507 . 1402 . 9036

주차 가능(지상 주차장)

instagram.com/travelbreakcoffee_

트레블 케이준 프라이드

분위기있는, 경치

식물을 실내로 옮긴 것이 아니라 진짜 자연 속에서 카페를 운영하고 있는 '트레블브레이크'. 방해받지 않고 쉴 수 있는 테라스가 매력적이다. 푸른 소나무 향도 느끼면서 갓 볶아낸 원두를 갈아 만든 커피 를 한 잔 마시다보면 지친 마음을 위로받는 것 같다. 온전히 자연에게 몸을 맡기는 기분이 느껴보고 싶다면 '트레블브레이크'에 방문해보는 것을 추천한다.

Travel break coffee

Q. 공간이 많고 다양한데, 손님들에게 가장 인기 있는 공간은 어디인가요?

A. 캐빈베드가 모여있는 테라스가 연인과 가족들에게 가장 인기있는 장소예요. SNS에서도 유명할만큼 동화같은 공간이죠. 숲속의 로맨틱한 오두막이라고 생각하시면 됩니다.

Q. 트레블브레이크가 손님들에게 어떤 공간으로 기억되길 바라시나요?

A. '트레블브레이크'의 풍경을 떠올리면 기분이 좋아지길 바랍니다. 아름다운 정원 속에서 느끼는 자연의 향기를 맡으며 피로를 잊고 산뜻한 휴식을 보냈던 곳으로 기억됐으면 좋겠습니다.

천사마을 정원

향기품은뜰

전주 천사마을에 있는 노송동주민센터 근처에서 파란색 건물 골목으로 들어가면 다양한 야생화들이 피어있는 '향기품은뜰'을 만날 수 있다. 이곳은 카페와 게스트하우스를 함께 운영하고 있는 공간이다.

'향기품은뜰' 정원에는 약 200여 종의 꽃들이 심어져 있다. 2월 초부터 복수초와 크리스마스 로즈꽃이 피기 시작하면서 계절이 바뀔 때마다 꽃들이 피고 지고를 반복해 계절의 아름다움을 보여주고 있다. 카페로 들어서면 정원에 있는 꽃만큼이나 앤티크한 찻잔과 다양한 식물들이 곳곳에 놓여있다. 게다가 유리창 밖으로 보이는 정원까지 아름다워 잠시도 눈을 뗄 수가 없다.

전주 완산구 인봉1길 49-5

화-금 10:00 ~ 20:00, 매주 월요일 휴무

063 . 232 . 2799

주차 불가

instagram.com/fgarden_cafe

자몽에이드, 핸드드립

빈티지카페, 전주한옥마을

Antique & cafe
인봉1길
Inbong 1(il)-gil
49-5

'향기품은뜰' 정원에서 길을 따라 뒤편으로 돌아가면 드라마에서만 볼법한 게스트하우스가 등장한다. 입구에 있는 장미 아치는 많은 사람들이 포토존으로 이용하고 있다. 꽃이 우리에게 주는 힘과 위로는 생각보다 효과가 대단하다. 그 어느 때보다 마음에 토닥임이 필요한 요즘, 이곳의 아름다운 꽃들이 방문객들의 마음에 생기를 불어 넣어준다.

Q. '향기품은뜰'을 오픈하게 된 계기는 무엇인가요?

A. 모스크바에서 거주할 때 주변국들을 여행하곤 했는데, 정원을 예쁘게 꾸민 집들이 많더라고요. 그때마다 늘 부러웠어요. 그래서인지 한국으로 돌아오고 와서도 계속 꽃에 관심이 생기더라고요. 주택에 있는 정원을 너무 대중화되지 않은 꽃들로 꾸미기 시작하면서 꽃과 식물이 있는 카페와 정원을 오픈하게 되었습니다

Q. 앞으로 '향기품은뜰'이 어떤 공간으로 기억되길 바라시나요?

A. 오시는 손님마다 정원에서 차를 즐기는 것을 좋아해 주시니 저도 즐겁고 행복힙니다. 더 바랄 것 없이 튼튼하게 예쁜 모습 유지하기 위해 최선을 다하면서 지금처럼 많은 사람들이 쉬다갈 수 있는 공간이 되었으면 해요.

식물이 있는 카페 꽃과 식물이 있는카페 정원카페

온실카페 추천 2선

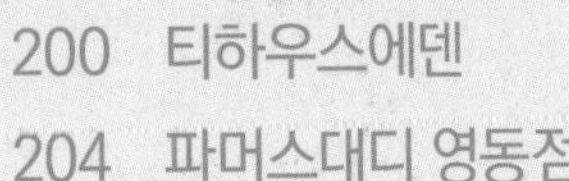

04

당신의 식물 투어
는 어땠나요?

3천평 대 정원 속 온실카페

티하우스에덴

경기도 이천에 위치한 에덴파라다이스 호텔 안, 아름다운 정원 속 여러 온실이 보인다. 그 중 하나인 '티하우스에덴'을 소개한다. 이곳은 전문 티 소믈리에가 선사하는 프리미엄 홍차 전문점이다. 스콘, 츠지 타르트 등의 디저트와 함께 수많은 초록빛 식물이 따스함을 전한다.

'티하우스에덴'의 공간은 유리 온실구조이지만 천장 일부가 나무와 천으로 차광되어 있어서 직사광선이 도달하는 부분은 제한적이기 때문에 실내식물 배치도 이에 맞춰져 있다. 이곳에 있는 식물들은 창가에 있는 식물과 건물 중앙에 위치한 식물로 크게 나눠지는데, 창가에 있는 식물은 대체로 강한 빛을 필요로 하는 식물(다육, 선인장)이고 중앙에는 밝은 빛이면 잘 살 수 있는 식물(열대 관엽)이 있다.

경기 이천시 마장면 서이천로 449-79
매일 10:00 ~ 20:00
031 . 645 . 9190
주차 가능(지상 주차장)
다즐링
정원산책

식물을 콘셉트로 운영되는 상업공간에서 가장 신경 쓰고 애먹는 부분이 바로 식물 관리이다. 돈을 많이 투자한다고 해서 좋은 상태를 유지한다거나 반드시 매출로 연결되는 부분도 아니기 때문이다. 하지만 호텔의 모토가 '싱그러운 정원 속 진정한 휴식과 회복'인 만큼 이러한 부분에 많은 투자를 아끼지 않았다고 한다.

EDEN
OPEN

따스함과 싱그러움 가득한

파머스대디 영동점

사람들로 북적이는 카페. 시끄러운 소음. 그저 그런 음료. 이 모든 것들로 짜증나고 답답할 때, 도심을 벗어나 한적한 곳을 찾아보는 것은 어떨까. 게다가 식물로 힐링하고 여유롭게 음료를 마실 수 있다면 더욱 좋을 것이다. 이번에 소개할 곳은 온실 카페 '파머스대디 영동점'이다.

경기도 광주, 한적한 도로가에 위치한 유리 온실이 보인다면 '파머스대디 영동점'을 찾게 된 것이다. '농사짓는 건축가' 최시영 대표의 '파머스대디' 2호점은 가드닝과 정원에 초점이 맞춰졌던 1호점과 달리 '카페'라는 콘셉트에 좀 더 충실하다. 전체적으로 흰색과 회색 톤으로 맞춰진 인테리어에 브라운과 그리너리가 포인트가 되어 편안한 느낌과 트렌디한 느낌을 동시에 준다. 좌석도 넉넉해 개인, 커플 그리고 가족까지 다양한 단위로 방문해도 좋다.

경기 광주시 퇴촌면 정영로 885-3
주중 11:00 ~ 20:00 / 주말 11:00 - 21:00
0507 . 1334 . 7924
주차 가능(지상 주차장)
아메리카노, 에스프레소
햇살맛집

앞서 언급한 '티하우스에덴'은 식물원의 느낌이 강했다면 '파머스대디 영동점'은 식물로 채워진 트렌디한 문화공간의 느낌을 준다. 식물세밀화가 그려진 액자로 벽을 채운 모습, 자연스럽게 놓인 자전거, 면보다 선이 많은 식물, 톤 앤 매너가 있는 카운터가 그렇다. 이곳도 마찬가지로 파머스대디 전문 조경팀에서 식물을 관리하는 덕에 잘 관리되고 있는 모습을 갖췄다. 사진을 찍기만 하면 그림 같이 나오는 '파머스대디 영동점'. 이번 주말은 사랑하는 사람들과 함께 이곳에서 시간을 보내보는 건 어떨까?

Travel
break
coffee
break
coffee

당신의 식물카페투어는 어땠나요?

공간에서 식물들이 어우러져 만들어 내는 조화와 변화는 우리에게 늘 새로운 감동을 선사한다. 우리의 삶 가까이에서 사람의 손을 거치지 않은 식물의 아름다움을 보고 느낄 수 있다면 좋겠지만, 많은 사람의 일상은 자연과 멀리 떨어져 있는 게 현실이다.

나만의 시간이 주어졌을 때 자연 속이 아니더라도 내 주변의 꽃과 식물이 가득한 공간에서 복잡한 머릿속을 정리하거나 식물 속에서 자신과 대화를 하며 사색에 잠겨보자.

당신의 식물카페 투어후기를 이곳에 적어보세요

쉼 있는 식물카페로의 초대

PLANT SPACE

발행일 2021년 10월 20일 초판1쇄 발행

펴낸이 이지영

편 집 최윤희
디자인 Design Bloom 이다혜
교 정 이원석

펴낸곳 도서출판 플로라
등 록 2010년 9월 10일 제 2010-24호
주 소 경기도 파주시 회동길 325-22
전 화 02.323.9850
팩 스 02.6008.2036
메 일 flowernews24@naver.com

ISBN 979-11-90717-62-5